脆味 空氣炸鍋

甘智榮　主編

萬里機構

前言
Preface

家裏的廚房鍋具不勝枚舉，可總有不稱心如意之處。不是油煙大，就是少油易黏鍋，要麼就是需要在鍋前照看。

當你遇到空氣炸鍋，當你用它烹製食物，就會發現那些烹飪煩惱瞬間一掃而光。空氣炸鍋，小巧、操作簡單、無需長時間的照看，最重要的是少油烹飪、無油煙，絕對是一種健康滿滿的烹飪方式。除了烹製食材還可以用它來加熱食物。

炸薯條、炸洋蔥圈、炸魷魚圈、炸春卷，好吃又誘人，但又擔心飽了口福，丟了健康。有了空氣炸鍋，大可以放心食用這些最愛的油炸食品。在家自己輕鬆做，告別地溝油、黑心油，健健康康地大快朵頤，還不發胖。而且使用後也無需清理廢油與油污，教人如何不愛它？小小空氣炸鍋，滿滿幸福享受。

目錄
Contents

Chapter 5
絕不可錯過的零食

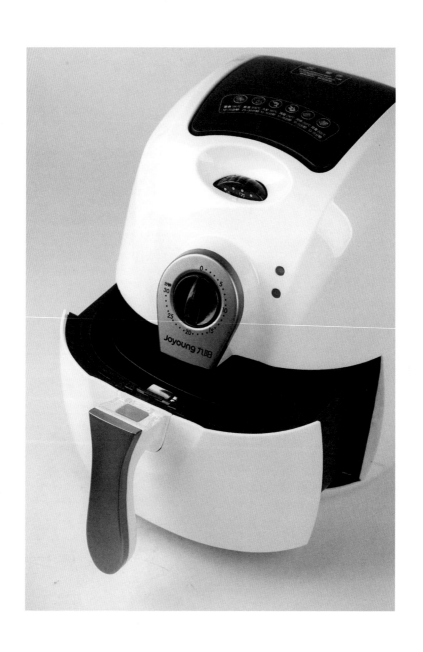

Chapter 1

空氣炸鍋，你了解多少

空氣炸鍋，廚房裏的一位「美女」，長得嬌小，但「功夫」卻不一般，無論煎、炸，還是烘、烤，都是大師級別。若想邂逅這位「美女」，怎能錯過這一章節。

一起來認識空氣炸鍋

　　無法抵禦油炸食品的美味誘惑，但健康總是會小聲地抗議。所以，每次享受油炸食品的美味時，內心深處無數遍地對自己說，為了健康，這是最後一次吃油炸食品。空氣炸鍋，絕對可以成為油炸食品粉絲們的摯愛。因為有了空氣炸鍋，美味和健康也能成為形影不離的好夥伴，只在食材表面刷上少許油，甚至不用油也可以烹製出同樣美味的油炸食品，滿足了口腹之慾的同時，還吃得更為健康，使人如何不愛這口鍋？

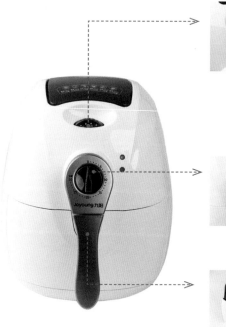

溫度控制鈕

可設定的溫度範圍為80℃~200℃。依據食材的種類及食材的厚度等來設定所需的溫度。烹飪蔬果比烹飪肉類所需的溫度會低一些。

時間控制鈕

可設定的最長烹飪時間是 30 分鐘。可依據食材及個人所喜好的口感來設定烹飪時間。

炸籃

烹製的食材可直接放於炸籃內，如怕黏鍋不好清洗，底部可鋪上錫紙，或用耐高溫容器盛裝食材來烹製。

炸籃釋放鈕

按下此處的按鈕就可以將炸籃取出，便於清洗炸鍋。

如何烹製食材

別看空氣炸鍋長得小巧，烹飪能力卻是不可小覷的，不但可以烹製出健康的炸物，還有很多「秘密絕技」！

健康、少油

空氣炸鍋這位廚房新成員，因其體積小、少油煙等優點備受青睞，其中最重要的是少油的烹飪方式。

沒有油，卻能把食材烹製得如油炸食品一樣酥脆美味。空氣炸鍋通過讓熱空氣在密閉的鍋內高速循環來烹製食材。簡而言之，用熱空氣代替了油炸，有效地減少了食材的油分，而那些本身油脂較多的食材，經過空氣炸鍋的烹製，還可以將其中的油分釋出，降低了油分含量。熱空氣不但可以將食材烹製熟，也會帶走食材表面的水分，使食材能夠達到外酥內嫩的口感。所以用空氣炸鍋烹製出的食物與油炸食品在口感、味道上幾乎無差異。但因其少油、無油煙，還可釋出食材所含的油脂，更多了幾分健康。

安全、易操作

將食物放入炸籃內，推入鍋中，設定好溫度和時間，無需長時間照看，這就是空氣炸鍋的使用流程。空氣炸鍋可以智能控制溫度，當鍋內熱度達到設定溫度時，炸鍋會自動停止加熱。設定時間結束時，炸鍋會發出聲音提醒，並且會自動切斷電源。規避了普通烹飪方式可能導致的熱油濺傷人，食物已熟透，但因無人照看而把鍋燒糊等現象。

多元用途

雖然空氣炸鍋可控的只有溫度和時間，但卻適用於不同的烹飪方式：可以炸出人氣薯條，烤出鬆軟的牛角麵包，烤出噴香牛扒，可謂是小巧廚具多用途。除此之外，空氣炸鍋可以在短時間內加熱菜餚，忙碌的時候，可以用它快速加熱食物來充飢。想吃得豐盛些，還可以用數個耐熱容器裝入不同的食物，同時放入鍋中加熱食用。

空氣炸鍋使用技巧

即使操作簡單，但也有一些使用技巧，掌握了這些技巧，美味輕鬆可得！

技巧 1 若將食材緊密地放於炸籃內，會阻礙鍋內熱空氣的有效循環，降低加熱效率。所以擺放食材時，最好讓食材間留有一定的空隙，便於熱空氣的流通。

技巧 2 本身含有油脂的食材，即使完全不用油，炸出來的賣相和口感也很好，而且其中的油脂還會被釋出來。

技巧 3 蔬菜、水果、菌菇等這些本身無油脂的食材，烹製時最好在表面刷上少許食用油，一是可以保存食材本身的水分，以保證口感；二是可以防止其黏在炸籃上。

技巧 4 用空氣炸鍋烹製食材時，最好先預熱炸鍋，這樣可以更快速的烹製好食材，也可以減少食材與熱空氣的接觸時間，從而能更多地保留食材本身的水分。

技巧 5 如果同時放入炸鍋中的食材較多，炸製過程中最好翻動食材數次，以保證其受熱均勻，色澤均勻。

技巧 6 由於空氣炸鍋內的熱空氣會帶走食材表層的水分，若想讓食物外皮較鬆軟，可以將食材用錫紙包住後，再放入鍋中烹製。

提前醃製好食材，
保證食材更入味

01
攪拌醃漬法

將醃料放入待醃漬的肉中，充分攪拌均勻，然後如按摩一樣，用手攪拌肉以便肉質更軟化，味道更易進入肉中。

02
密封醃漬法

將肉與醃料充分拌勻後，裝入可密封的保鮮袋中，可以適當用力擠壓保鮮袋，以加快其入味速度。

03
拍打醃漬法

可以先用刀背或是鬆肉錘拍打待醃漬的肉，從而讓肉的纖維組織變鬆散，這樣醃漬時可快速入味。

04
水果醃漬法

醃漬肉時，可以加入一些能軟化肉質的水果，如波蘿、蘋果、橘子等，被軟化後的肉在短時間內更易入味。

05
蔬菜醃漬法

蔬菜和水果有軟化肉質的作用，雖然某種程度上蔬菜的效果不及水果，但蔬菜可以去除肉類本身的一些味道，如腥羶味，這是水果所不易做到的。尤其是洋蔥、薑、大蒜等食材。

各類炸物搭配的 經典醬汁

01 豆豉醬

材料

豆豉 ....150 克
蒜茸 ....20 克
薑茸 ....8 克
紅葱頭茸 ....10 克
辣椒茸...........少許

調味料

醬油 ....20 毫升
白糖 ....適量
油...................適量

製作方法

1 將豆豉洗淨剁碎，備用。
2 熱鍋注油燒熱，爆香薑茸、蒜茸、辣椒茸、紅葱頭茸。
3 加入豆豉，炒香。
4 放入白糖、醬油，煮滾即可。

02 酸辣醬油汁

材料

辣椒圈............適量
蒜茸 ....適量

調味料

醬油 ....40 毫升
醋...................5 毫升
芝麻油............少許

製作方法

1 將醬油倒入碗中，再加入醋，攪拌均勻。
2 將適量芝麻油淋入碗中，攪拌均勻，加入蒜茸拌勻。
3 放入備好的辣椒圈，攪拌均勻後靜置一段時間，最後撈出辣椒圈即可。

03 叉燒醬

材料
葱白 ....80 克
洋葱 ....適量
大蒜 ....適量

調味料
紅麴粉............10 克
魚露 ....10 克
醬油 ....10 克
蠔油 ....50 克
白糖 ....60 克
食用油............適量
生粉水............適量

製作方法

1 大蒜、葱白均洗淨切碎；洋葱洗淨切碎。
2 蠔油加魚露、白糖、清水、紅麴粉、醬油拌勻。
3 熱鍋注油，倒入葱和蒜茸，翻炒出香味。
4 再加入拌好的調味料、洋葱碎，淋入生粉水，炒至黏稠關火即可。

04 鮮辣醬

材料
乾辣椒.........200 克
小蝦米..........50 克
薑茸 ....20 克
大蒜茸..........30 克

調味料
鹽 ....少許
食用油............適量
冰糖 ....15 克
蠔油 ....適量

製作方法

1 乾辣椒用開水泡軟後，用攪拌機打成辣椒醬。
2 將小蝦米放入攪拌機，打成蝦粉。
3 鍋中注油燒熱，爆香薑茸、蒜茸、蝦粉。
4 加入辣椒醬、鹽，攪拌均勻，加入冰糖、蠔油，小火慢熬至濃稠即可。

Chapter 2

魚蝦海味，吃不夠

再鮮，鮮不過海鮮。新鮮的海鮮佐以空氣炸鍋的烹製，
不但完美地保留了其鮮汁鮮味，還讓喜歡吃海鮮，卻苦
於烹製方式繁瑣的您找到了輕鬆大飽口福的不二法門。

燈籠椒烤鱈魚

⏱ 烹飪時間：18 分鐘　　🍲 難易度：★★☆　　🧂 口味：鹹

【材　料】鱈魚 400 克，紅燈籠椒 30 克，黃燈籠椒 40 克，洋蔥 30 克，番芫茜碎適量

【調味料】鹽 3 克，黑胡椒碎 3 克，檸檬汁少許，食用油適量

-------------------------- 製作方法 *Steps* --------------------------

1　空氣炸鍋 160℃ 預熱 5 分鐘；鱈魚洗淨，去皮、骨後切小塊，裝入碗中，加入鹽、黑胡椒碎、檸檬汁拌勻，醃漬至入味。

2　紅燈籠椒、黃燈籠椒均洗淨，切小塊後裝入碗中；洋蔥洗淨，切絲裝入碗中。

3　將洋蔥絲、燈籠椒塊倒入一個大碗中，加入鹽、食用油、黑胡椒碎拌勻。

4　將鱈魚放入炸鍋中，烤 8 分鐘後，放入燈籠椒、洋蔥絲續烤 5 分鐘，將烤好的食材取出，撒番芫茜碎，裝入盤中即可。

Cooking *Tips*

可以用錫紙將鱈魚包住後再烤，這樣魚肉本身的水分
能更充分地被保留住，口感更軟嫩。

烤秋刀魚 🍲

🕐 烹飪時間：15 分鐘　　🍲 難易度：★★☆　　🗂 口味：鹹

【材　料】秋刀魚 2 條，檸檬汁、薄荷葉各適量
【調味料】鹽、食用油、胡椒粉各適量 .

-------------------------------- 製作方法 *Steps* --------------------------------

1　空氣炸鍋 180℃ 預熱 5 分鐘。

2　秋刀魚洗淨，兩面切十字刀，用鹽醃漬片刻，再撒上胡椒粉醃漬至入味。

3　將秋刀魚兩面刷上食用油，放入炸鍋中烤 10 分鐘。

4　將烤好的秋刀魚裝盤，把檸檬汁均勻地擠在魚身上，再用薄荷葉裝飾一下。

油炸竹莢魚

⏱ 烹飪時間：23 分鐘　　🍲 難易度：★★☆　　🧂 口味：鹹

【材　料】竹莢魚 300 克，椰菜 100 克，檸檬 15 克，車厘茄 30 克，番芫茜 10 克，
　　　　　雞蛋 1 個
【調味料】橄欖油 20 毫升，鹽 3 克，麵包糠 50 克，麵粉 40 克，黑胡椒碎 10 克

-------------------------------- 製作方法 *Steps* --------------------------------

1　竹莢魚去內臟、去頭洗淨，抹上鹽和黑胡椒碎醃漬至入味。

2　雞蛋打入碗中，製成蛋液；椰菜洗淨切細絲；番芫茜洗淨。

3　將醃漬好的竹莢魚依次沾上麵粉、雞蛋液、麵包糠。

4　空氣炸鍋 200℃ 預熱 5 分鐘，放入表面刷橄欖油的竹莢魚，烤 18 分鐘。

5　將椰菜裝入盤中，放上烤好的竹莢魚、檸檬、車厘茄、番芫茜即可。

Cooking *Tips*

未烹製的竹莢魚去除內臟後，最好冷凍保存，
以保證其新鮮度。

香烤鱈魚鮮蔬

🕐 烹飪時間：17 分鐘　🍲 難易度：★★☆　🧂 口味：鹹

【材　料】鱈魚肉 400 克，馬鈴薯 1 個，青檸 2 個，車厘茄 5 個，黃椒適量
【調味料】食用油 10 毫升，鹽 3 克，檸檬汁 5 毫升，白胡椒粉適量

-------------------------------- 製作方法 *Steps* --------------------------------

1　炸鍋中鋪入錫紙，180℃預熱 5 分鐘；黃椒洗淨切小塊；馬鈴薯洗淨切圓片。

2　鱈魚去骨後切為兩半，去除魚皮；鱈魚裝碗，加鹽、白胡椒粉、檸檬汁拌勻，醃漬至入味。

3　鍋中的錫紙上刷上食用油，放入鱈魚、馬鈴薯、車厘茄，表面刷食用油。

4　以 180℃ 烤 12 分鐘後，拉開炸鍋，將烤好的食材取出裝盤，擺上切開兩半的青檸即可。

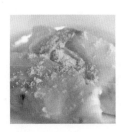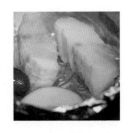

Cooking *Tips*

如果不想把車厘茄烤得太乾，可以提前將其取出。

烤三文魚配時蔬

🕐 烹飪時間：25 分鐘　　🍲 難易度：★★☆　　🧂 口味：鹹

【材　料】三文魚 200 克，紅蘿蔔 80 克，西蘭花 80 克，迷迭香碎適量

【調味料】鹽 3 克，黑胡椒粉 5 克，橄欖油 15 毫升

製作方法 *Steps*

1　紅蘿蔔洗淨去皮，用工具刀切成表面有橫紋的圓形片；西蘭花洗淨，切小朵。

2　將紅蘿蔔、西蘭花裝入碗中，加橄欖油、鹽拌均勻。

3　三文魚放入碗中，加鹽、黑胡椒粉、橄欖油、迷迭香碎醃漬入味。

4　空氣炸鍋 180℃ 預熱 5 分鐘，放入紅蘿蔔、西蘭花，烤製約 5 分鐘後取出。

5　將醃漬好的三文魚放入鍋中，烤製 15 分鐘至熟後取出，放在烤好的蔬菜上即可。

三文魚

三文魚含有蛋白質、不飽和脂肪酸、菸酸、鈣、鐵、鋅等營養成分，具有補虛勞、健脾和胃、增強免疫力等功效。

Cooking *Tips*

接觸三文魚時，手和刀上會有腥味，用檸檬擦手和刀，就可以徹底去除腥味。

椒香三文魚

🕐 烹飪時間：16分鐘　　🍲 難易度：★★☆　　🧂 口味：鹹

【材　料】三文魚300克，黃椒30克，青椒1個
【調味料】鹽2克，鮮羅勒10克，牛至2克，黑胡椒碎3克，食用油5毫升

-------------------- 製作方法 *Steps* --------------------

1 炸鍋160℃預熱5分鐘；三文魚洗淨，去皮、骨切塊；黃椒洗淨切三角形；青椒洗淨切圈、去籽。

2 羅勒洗淨，切碎後裝入碗中；三文魚塊倒入碗中，加鹽、牛至、黑胡椒碎、羅勒碎、食用油拌勻，醃漬至入味。

3 將三文魚塊放入炸鍋中，以160℃烤8分鐘；青椒圈、黃椒塊裝碗，加鹽、食用油拌勻。

4 8分鐘後，放入青、黃椒續烤3分鐘，將烤好的食材取出，裝入盤中即可。

Cooking *Tips*

醃漬三文魚時，也可以加入一些料酒，可以更好的去除腥味。

檸檬烤三文魚

⏱ 烹飪時間：25 分鐘　　🍲 難易度：★☆☆　　🧂 口味：鹹

【材　料】三文魚 250 克，檸檬 50 克，熟白芝麻 20 克，羅勒葉、百里香各少許
【調味料】橄欖油 20 毫升，鹽 8 克，黑胡椒粉 8 克

---------------------------------- 製作方法 *Steps* ----------------------------------

1　將檸檬洗淨切成小瓣，羅勒葉洗淨切碎，百里香洗淨。

2　三文魚洗淨放入碗中，加入鹽、黑胡椒粉拌勻，醃漬至入味。

3　空氣炸鍋 180℃ 預熱 5 分鐘，三文魚兩面刷上橄欖油，放入鍋中，烤約 20 分鐘。

4　將三文魚取出，擠入適量檸檬汁，撒上羅勒葉，擺上百里香，撒上熟白芝麻即可。

Cooking *Tips*

烤製過程中，最好能將三文魚多翻幾次面，以讓其上色均勻。

香橙烤三文魚

⏱ 烹飪時間：20 分鐘　　🍲 難易度：★★☆　　🗄 口味：鹹

【材　料】三文魚 200 克，橙 50 克，甜椒 50 克，洋蔥絲 10 克，番芫茜、迷迭
　　　　　香各適量
【調味料】橄欖油 10 毫升，鹽 5 克，白胡椒粉 5 克，黑胡椒粉 5 克

---------------------------------- 製作方法 *Steps* ----------------------------------

1　將三文魚洗淨，切成塊；橙剝開，去皮，留下果肉；甜椒洗淨切圈。

2　將三文魚放入碗中，加入適量鹽，撒上白胡椒粉、黑胡椒粉，攪拌均勻，醃
　　漬至入味。

3　炸鍋 180℃預熱 5 分鐘。

4　在醃漬好的三文魚的表面刷上少許橄欖油，再撒上適量迷迭香，放入炸鍋中，
　　烤 15 分鐘至其熟透。

5　將烤好的三文魚取出，擺入盤中，鋪上橙、甜椒、洋蔥絲，撒上番芫茜即成。

Cooking *Tips*

可以在三文魚表面劃上一字花刀，醃漬時更易入味。

烤鱈魚

🕐 烹飪時間：25 分鐘　　🍲 難易度：★★☆　　🧂 口味：鹹

【材　料】鱈魚肉 150 克，蘆筍 100 克，紅蘿蔔茸、馬鈴薯茸各 100 克
【調味料】橄欖油 10 毫升，鹽 3 克，檸檬汁 5 毫升

-------------------------------- 製作方法 *Steps* --------------------------------

1　鱈魚肉洗淨裝碗，放入鹽、檸檬汁、橄欖油，拌勻醃漬至入味；蘆筍備好。

2　空氣炸鍋 180℃ 預熱 5 分鐘，放入魚肉和蘆筍。

3　烤約 5 分鐘時，將烤好的蘆筍取出，魚肉翻面後續烤 15 分鐘至熟。

4　將烤好的鱈魚裝盤，放紅蘿蔔茸與馬鈴薯茸、蘆筍即可。

Cooking *Tips*

蘆筍下半部分纖維較多，食用時可去皮。

檸檬鮮蝦

🕐 烹飪時間：22 分鐘　🍲 難易度：★★☆　🧂 口味：鹹

【材　料】鮮蝦 300 克，檸檬 50 克，芫茜葉適量，蒜蓉少許

【調味料】檸檬汁 10 毫升，蜂蜜 15 克，鹽 3 克，牛油 5 克，料酒 10 毫升，沙律醬適量

-- 製作方法 *Steps* --

1 鮮蝦洗淨去頭，將蝦開背，取出蝦線後洗淨裝碗；芫茜葉洗淨切碎。

2 將鹽、蜂蜜、檸檬汁、牛油、料酒、蒜蓉放入蝦碗中，拌勻醃漬至入味。

3 空氣炸鍋 180℃ 預熱 5 分鐘，放入蝦，烤約 12 分鐘。

4 將洗淨的檸檬放入炸鍋中，和蝦一起再烤 5 分鐘取出。

5 將烤好的蝦和檸檬裝入盤中，淋上適量沙律醬，撒上芫茜碎即成。

Cooking *Tips*

烹製蝦之前，可以先用泡肉桂皮的沸水將蝦沖燙一下，
這樣烤出來的蝦，味道更鮮美。

氣炸大蝦

⏱ 烹飪時間：15 分鐘　🍲 難易度：★★☆　🧂 口味：鹹

【材　料】鮮蝦 150 克，西生菜 50 克，檸檬 1 個
【調味料】食用油 10 毫升，鹽 3 克

製作方法 *Steps*

1　將空氣炸鍋 180℃預熱 5 分鐘。鮮蝦洗淨，挑去蝦線，裝碗待用；西生菜洗淨，手撕成片狀，裝盤。

2　將鹽、檸檬汁、食用油加入到裝蝦的碗中，拌勻醃漬至入味。

3　將蝦放入炸鍋，烤 10 分鐘。

4　將烤好的蝦取出放入擺有西生菜的盤中即成。

蝦

蝦是強壯補精的佳品，其含有的微量元素硒有預防癌症的作用。高脂血症、動脈硬化、過敏性鼻炎等病症患者不宜食用。

Cooking *Tips*

醃漬蝦時可以滴入少許醋，這樣烹製好的蝦外殼顏色更鮮紅亮麗。

煙肉鮮蝦卷 🍲

⏱ 烹飪時間：20 分鐘　🍳 難易度：★★☆　🧂 口味：鹹

【材　料】大蝦 350 克，煙肉 200 克，青椒 50 克，紅椒 30 克
【調味料】鹽 2 克，料酒 5 克，黑胡椒碎適量

---------------------------------- 製作方法 *Steps* ----------------------------------

1　炸鍋 140℃ 預熱 5 分鐘；蝦去殼和蝦頭，尾部蝦殼保留，放入碗中，清洗後加鹽、料酒醃漬至入味。

2　青椒、紅椒均洗淨，去籽，切細條。

3　取 1 條煙肉，首端放上 1 隻蝦、青椒條、紅椒條，將其捲起，依次將其他食材製成蝦卷。

4　將蝦卷放入炸鍋中，以 140℃ 烤 15 分鐘後，將蝦卷取出，裝入盤中，撒上少許黑胡椒碎即可。

Cooking *Tips*

如想捲起來更方便，可在蝦內部彎曲處劃幾刀，
蝦就成直線狀了。

烤扇貝

🕐 烹飪時間：23 分鐘　　🍲 難易度：★☆☆　　🧂 口味：鹹

【材　料】扇貝 4 個，紅辣椒 1 個，韭菜碎少許
【調味料】椒鹽、食用油各適量

製作方法 *Steps*

1　扇貝洗淨，擦乾水分，抹上少許食用油，
　　撒上適量椒鹽。

2　紅辣椒洗淨切細絲，撒在扇貝上。

3　空氣炸鍋 180℃預熱 5 分鐘，放入扇貝。

4　烤製 18 分鐘後，將烤好的扇貝取出，撒
　　上少許韭菜碎即可。

扇貝

扇貝含有蛋白質、維他命 B、維他命 E、鎂、鉀等營養成分，具有健腦益智、健脾和胃、潤腸通便等功效。

Cooking *Tips*

如果使用的是冷凍扇貝，切記將其放於室內自然解凍，不要放在水裏融化，尤其是熱水，否則會嚴重影響扇貝的鮮度和口感。

香烤元貝肉

⏱ 烹飪時間：18 分鐘　🍲 難易度：★☆☆　🧂 口味：鹹

【材　料】元貝肉 7 個，芫茜碎適量
【調味料】鹽，料酒適量，食用油少許

--------------------- 製作方法 *Steps* ---------------------

1　空氣炸鍋 180℃ 預熱 3 分鐘。

2　將元貝肉洗淨，用鹽、料酒醃漬至入味，擦去醃漬好的元貝肉的表面水分，刷上少許食用油。

3　將元貝肉用竹簽串起，放入炸鍋中，烤 15 分鐘，烤製過程中，將元貝肉翻面一次。

4　將烤好的元貝肉擺入盤中，撒上芫茜碎即可。

元貝肉

元貝有滋陰、補腎、調中、下氣等功效。無論是鮮品元貝，還是乾品元貝，都是高蛋白低脂肪的保健營養食物。

Cooking *Tips*

如炸鍋的長度無法放入竹簽，可將元貝肉直接平鋪在炸籃中烤製。

烤魷魚串

⏱ 烹飪時間：18 分鐘　　🍲 難易度：★★☆　　🧂 口味：鹹

【材　　料】魷魚 3 個，芫茜、檸檬各適量
【調味料】鹽、椒鹽、料酒各適量，食用油少許

------------------------------ 製作方法 *Steps* ------------------------------

1　將魷魚洗淨，去除內臟後放入碗中，加入料酒、鹽，攪拌均勻，醃漬至入味。

2　將醃漬好的魷魚取出，擦去表面水分，用竹簽將魷魚串起。

3　空氣炸鍋 180℃ 預熱 3 分鐘。

4　魷魚串表面刷上少許食用油，撒上椒鹽，放入炸鍋中，烤製 15 分鐘。

5　將烤好的魷魚串取出，放在鋪有乾淨芫茜的盤子中，裝飾上檸檬即可。

Cooking *Tips*

一定要烤至熟透後食用，因為鮮魷魚中有多肽，
若未成熟就食用，會導致腸運動失調。

氣炸魷魚圈

⏱ 烹飪時間：15分鐘　　🍲 難易度：★★☆　　🧂 口味：鹹

【材　料】魷魚300克，粟粉、麵包糠各適量，雞蛋2個
【調味料】鹽少許，料酒適量，食用油10毫升

---------------------------------- 製作方法 *Steps* ----------------------------------

1　空氣炸鍋180℃預熱5分鐘。

2　魷魚洗淨，切成約1厘米寬的圈，裝入碗中，加鹽、料酒、食用油，拌勻醃漬入味；雞蛋打入碗中製成蛋液。

3　將醃漬好的魷魚圈依次沾上粟粉、雞蛋液、麵包糠後放入盤中待用。

4　將魷魚圈放入預熱好的炸鍋內，炸製10分鐘，取出，裝入盤中即可。

  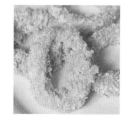 

Cooking *Tips*

如將魷魚事先用開水焯一下，炸出的魷魚圈更酥脆。

Chapter 3

畜肉禽蛋，鮮嫩多汁

畜肉禽蛋是為人體提供必需蛋白質的重要來源之一，搭配一些蔬菜，再用無油、少油的空氣炸鍋來烹製，絕對是營養均衡的健康美味。

法式藍帶豬扒

⏱ 烹飪時間：30 分鐘　　🍲 難易度：★★★　　🧂 口味：鹹

【材　料】豬柳肉 150 克，火腿 3 片，雞蛋 1 個，芝士片 3 片，番芫茜少許，麵
　　　　　粉、麵包糠各適量

【調味料】鹽 3 克，胡椒粉少許，乾牛至適量

------------------------------ 製作方法 *Steps* ------------------------------

1　豬柳肉洗淨，切成 6 片，不要太厚，用鬆肉錘或刀背將肉片拍鬆後，放入碗中，
　　加入鹽、胡椒粉、乾牛至拌勻調味；雞蛋打入碗中，製成蛋液，備用。

2　取一片肉片，上面放上火腿、芝士片，再蓋上另一片肉片，注意不要讓火腿
　　片和芝士片超出肉片邊緣。

3　用刀背拍打邊緣，使之緊密，這樣炸的時候豬扒不易鬆散，依次做好其他
　　豬扒。

4　豬扒表面沾上麵粉，再裹上蛋液，最後沾上麵包糠。

5　空氣炸鍋 200℃ 預熱 5 分鐘，放入豬扒烤製 25 分鐘，將烤好的食材取出，裝
　　入盤中，放上番芫茜即可。

Cooking *Tips*

新鮮的豬肉有光澤，用手指壓過的凹陷部分能立即恢復原狀。

香腸蔬菜烤豬柳

🕐 烹飪時間：35 分鐘　　🍲 難易度：★★☆　　🧂 口味：鹹

【材　料】豬柳 150 克，香腸 80 克，新鮮小馬鈴薯 150 克，車厘茄 140 克，蒜
　　　　　頭 50 克，迷迭香適量
【調味料】橄欖油 20 毫升，鹽、胡椒粉各適量

---------------------------------- 製作方法 *Steps* ----------------------------------

1　小馬鈴薯洗淨切開，再改切成小瓣；蒜頭剝去皮，從中間橫腰切開，留下底部；
　　迷迭香洗淨切碎；車厘茄洗淨。

2　將豬柳放入碗中，加入橄欖油、鹽、胡椒粉，攪拌均勻，醃漬至入味；小馬
　　鈴薯放入碗中，加入橄欖油、鹽、胡椒粉拌勻，備用。

3　空氣炸鍋底部鋪上錫紙，200℃預熱 5 分鐘。

4　炸鍋中的錫紙上刷上油，放入醃漬好的豬柳、小馬鈴薯，撒上適量迷迭香，
　　設定烤製時間為 30 分鐘。

5　待烤至 20 分鐘時，取出烤好的小馬鈴薯，放入香腸、車厘茄、蒜頭，再撒上
　　迷迭香，續烤 10 分鐘。

6　將烤好的食材取出，豬柳表面切數個「一」字，香腸切片後，夾入豬柳的「一」
　　字中，再將烤好的食材擺入盤中即可。

Cooking *Tips*

也可烤製前在豬柳表面先切上一字花刀，這樣更易烤熟。

番茄醬肉丸

🕐 烹飪時間：18 分鐘　　🍲 難易度：★★☆　　🧂 口味：鹹

【材　料】肉餡 200 克，洋蔥 50 克，紅蘿蔔 40 克，去皮馬蹄 30 克

【調味料】橄欖油 8 毫升，鹽 5 克，料酒 8 毫升，雞粉 3 克，白胡椒粉 5 克，
　　　　　粟粉適量，番茄醬 40 克

製作方法 Steps

1 空氣炸鍋 200℃ 預熱 3 分鐘；洋蔥、紅蘿蔔均洗淨切成茸；馬蹄洗淨，切成茸。

2 將肉餡與洋蔥粒、紅蘿蔔粒、馬蹄粒拌勻，加入鹽、料酒、白胡椒粉。

3 再放入雞粉、橄欖油、粟粉拌勻，製成數個肉丸，放入炸鍋中烤 15 分鐘。

4 將烤好的肉丸取出，放入盛有番茄醬的碗中，均勻地裹上番茄醬，裝入碗中即可。

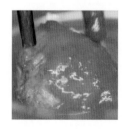

Cooking Tips

肉餡中可以加入一些雞蛋白，這樣肉丸不易鬆散。

韓式香烤五花肉

⏱ 烹飪時間：15 分鐘　　🍱 難易度：★☆☆　　🗄 口味：鹹辣

【材　料】五花肉片 300 克，韓式辣椒醬 30 克，生菜 70 克，蒜片 10 克
【調味料】食用油適量，白芝麻少許

製作方法 *Steps*

1 炸鍋 160℃ 預熱 5 分鐘；五花肉片倒入碗中，加入蒜片、食用油拌勻，醃漬片刻。

2 將醃好的五花肉片放入炸鍋中，烤 10 分鐘。

3 生菜葉洗淨，擦乾水分鋪入盤中；拉開炸鍋，將烤好的五花肉取出。

4 將烤好的五花肉擺在生菜上，刷上適量韓式辣椒醬，撒上白芝麻即可。

Cooking *Tips*

如果肉片切得較薄，可以適當減少烤製的時間。

芝士豬肉鑲紅椒

🕐 烹飪時間：17 分鐘　　🍲 難易度：★★☆　　🧂 口味：鹹

【材　料】免治豬肉 300 克，紅燈籠椒 1 個，蛋白少許，芝士碎適量，車厘茄 2 個
【調味料】鹽 3 克，食用油適量，日式醬油 5 克

-------------------- 製作方法 *Steps* --------------------

1　炸鍋 170℃ 預熱 5 分鐘。

2　將免治豬肉放入碗中，加蛋白、鹽、食用油、
　　日式醬油拌勻；紅燈籠椒洗淨，對半切開，
　　去籽。

3　將拌好的豬肉餡裝入紅燈籠椒中，撒上適量
　　芝士碎，放入炸鍋中烤 10 分鐘。

4　10 分鐘後將洗淨的車厘茄放到芝士上，續
　　烤 2 分鐘後，將食材取出，放入盤中即可。

紅燈籠椒

紅燈籠椒含有維他命 A、
維他命 B、纖維素等多
種營養成分，具有促進
食慾、增強免疫力等功
效。

咖喱肉片

🕐 烹飪時間：18 分鐘　　🍲 難易度：★☆☆　　🧂 口味：鹹

【材　料】豬瘦肉 400 克，芫茜適量
【調味料】橄欖油 10 毫升，鹽 3 克，生抽 10 毫升，咖喱粉 15 克，胡椒粉 5 克，
　　　　　白蘭地 10 毫升

製作方法 *Steps*

1　豬瘦肉洗淨，切厚片裝碗；芫茜洗淨，切碎待用。

2　在豬肉碗中加入鹽、生抽、白蘭地、胡椒粉拌勻。

3　再倒入適量的橄欖油，加入咖喱粉拌勻，醃漬至入味。

4　空氣炸鍋 180℃預熱 5 分鐘，放入肉片，烤 13 分鐘後取出，放入碗中，撒上
　　芫茜即可。

Cooking *Tips*

可以在肉片表面刷上少許食用油再烤製，
這樣不易黏鍋。

蘇格蘭蛋

⏱ 烹飪時間：15分鐘　　🍲 難易度：★★☆　　🧂 口味：鹹

【材　料】豬肉餡400克，熟鵪鶉蛋200克，葱花少許，麵粉適量，麵包糠少許，
蛋液適量
【調味料】生抽3毫升，橄欖油6毫升，鹽3克，料酒8毫升，黑胡椒碎適量

製作方法 *Steps*

1　炸鍋160℃預熱5分鐘；肉餡裝碗，加蛋液、葱花、鹽、黑胡椒碎、油、料酒、生抽、麵粉拌勻。

2　手中抹上適量麵粉，取肉餡放手中，製成肉餅，鵪鶉蛋蘸麵粉放肉餅上，用肉餅將鵪鶉蛋包住，再蘸上麵包糠。

3　依次製成數個蘇格蘭蛋，再在蛋的表面刷上橄欖油，放入炸鍋中，以160℃烤10分鐘。

4　將烤好的蘇格蘭蛋取出，裝入盤中，裝飾一下即可。

Cooking *Tips*

也可以在肉餡中加入自己喜歡的蔬菜，這樣營養更豐富。

煙肉綠豆角

🕐 烹飪時間：15 分鐘　　🍲 難易度：★★☆　　🧂 口味：鹹

【材　料】煙肉 100 克，豆角 300 克
【調味料】鹽 3 克，橄欖油適量

---------------------------------- 製作方法 *Steps* ----------------------------------

1　炸鍋 180℃ 預熱 5 分鐘；豆角洗淨，切成適當長度。

2　將煙肉放在砧板上，豆角平放在煙肉的一頭，慢慢將煙肉捲起，最後用牙籤固定。依次製成煙肉豆角卷。

3　豆角表面刷上少許橄欖油，撒上鹽，抹勻。

4　將煙肉豆角放入炸鍋中，烤製 10 分鐘後，將烤好的煙肉豆角取出，裝入盤中，食用前取出牙籤即可。

Cooking *Tips*

綠豆角可以用水焯過後再烤，這樣可以縮短烤製時間。

脆香豬扒

⏱ 烹飪時間：15 分鐘　　🍲 難易度：★★☆　　🧂 口味：鹹

【材　料】豬柳肉 350 克，雞蛋 1 個，生菜 130 克，豆苗少許，麵包糠 60 克，生粉 60 克

【調味料】鹽 3 克，日式醬油 15 毫升，食用油適量

-------------------------------- 製作方法 *Steps* --------------------------------

1 炸鍋中鋪入錫紙，用 200℃預熱 5 分鐘；豬柳肉切成約 1.5 厘米厚的片，用刀背拍鬆，加鹽、日式醬油拌勻。

2 雞蛋打入碗中，製成蛋液，將切好的豬柳肉依次蘸上蛋液、生粉、麵包糠。

3 拉開炸鍋，刷上少許食用油；豬扒放入炸鍋，表面刷食用油，以 180℃烤 10 分鐘。

4 10 分鐘後取出豬扒，裝入鋪有生菜葉的盤中，放上豆苗即可。

Cooking *Tips*

如果想讓豬扒顏色更金黃，可以多裹一層蛋黃液。

胡椒煎牛扒

⏱ 烹飪時間：30 分鐘　　🍳 難易度：★★☆　　🧂 口味：鹹

【材　料】牛扒 300 克，生菜 100 克，鮮迷迭香適量
【調味料】鹽 3 克，白胡椒粉 3 克，橄欖油 15 毫升，黑胡椒粒 3 克，燒烤醬
　　　　　適量

製作方法 *Steps*

1　生菜洗淨，瀝乾水分；牛扒洗淨，放入碗中，加入鹽、白胡椒粉、橄欖油，攪拌均勻，醃漬至入味；迷迭香洗淨。

2　空氣炸鍋 200℃預熱 5 分鐘。

3　牛扒表面刷上少許橄欖油，放入炸鍋中，烤約 25 分鐘。

4　待烤製 20 分鐘時，將牛扒表面刷上少許燒烤醬，續烤 5 分鐘。

5　將烤好的牛扒取出，放入盤中，撒上黑胡椒粒，放上生菜、迷迭香即可。

黑胡椒

黑胡椒是一種常用調味料，有溫中、下氣、解毒的功效，對於反胃、嘔吐清水、冷痢等症都有輔助療效。

Cooking *Tips*

即使空氣炸鍋的鍋內整體受熱均勻，但烤製過程也要翻動幾次牛扒，以確保其表面上色勻稱。

牛肉雙花

⏱ 烹飪時間：15 分鐘　　🍲 難易度：★★☆　　🧊 口味：鹹

【材　料】牛肉 300 克，椰菜花、西蘭花各 50 克，白蘭地 10 毫升，乾迷迭香適量，意粉少許

【調味料】鹽 3 克，黑胡椒碎 5 克，食用油 15 毫升

製作方法 *Steps*

1 炸鍋 180℃預熱 5 分鐘；牛肉洗淨，擦乾水分切片，裝入碗中，放入鹽、黑胡椒碎、白蘭地、乾迷迭香和少許食用油拌勻，醃漬至入味；西蘭花、椰菜花均洗淨，切小朵。

2 取一片牛肉平鋪於盤子中，取西蘭花、椰菜花各一朵放於一邊，慢慢將其捲起，用意粉將其固定，依此將其餘的食材製成肉卷。

3 在肉卷表面刷上少許食用油後，用錫紙將椰菜花部分包住，放入刷過油的炸鍋中，以 180℃烤 10 分鐘。

4 打開炸鍋，將烤好的牛肉取出，裝入盤中，裝飾好即可。

牛肉

牛肉富含維他命 B、鐵、鋅等營養成分，有增強免疫力、益氣補血、促進蛋白質的新陳代謝以及合成、增長肌肉等功效。

Cooking *Tips*

也可將整個肉卷用錫紙包住，這樣牛肉中的水分可更好的被保留。

嫩烤牛肉杏鮑菇

⏱ 烹飪時間：20 分鐘　　🍲 難易度：★★☆　　🧂 口味：鹹

【材　料】杏鮑菇 2 根，牛肉餡 150 克，番薯粉適量
【調味料】鹽 3 克，胡椒粉適量，食用油少許

---------------------------------- 製作方法 *Steps* ----------------------------------

1 空氣炸鍋 180℃
預熱 5 分鐘；杏
鮑菇洗淨，擦乾
表面水分，橫切
成約 0.5 厘米厚
的片。

2 牛肉餡裝碗，
加鹽、胡椒粉
調味，沾上番
薯粉拌勻，備
用。

3 杏鮑菇的底部
刷上少許食用
油，放上牛肉
餡，刷油，放
入炸鍋中，烤
10 分鐘。

4 將烤好的杏鮑
菇牛肉取出，
放入盤中即可。

Cooking *Tips*

杏鮑菇底部一定要刷上食用油，一是防止烤製時黏鍋，
二是能更好地保留杏鮑菇中的水分，以提升其口感。

香草牛棒骨

⏱ 烹飪時間：30 分鐘　🍲 難易度：★★☆　🧂 口味：鹹

【材　料】牛棒骨 300 克，小馬鈴薯 200 克，迷迭香 10 克，迷迭香碎適量
【調味料】橄欖油、白胡椒粉各適量，鹽 5 克，檸檬汁 8 克，生抽 8 毫升，辣
　　　　　椒粉 8 克，蜂蜜 8 克

製作方法 *Steps*

1　小馬鈴薯去皮洗淨，表面刷上橄欖油；牛棒骨洗淨裝入碗中，加入鹽、檸檬汁、
　　生抽、白胡椒粉、迷迭香碎、辣椒粉、蜂蜜，攪拌均勻。

2　再淋入適量橄欖油，拌勻，醃漬至入味；迷迭香洗淨。

3　空氣炸鍋 200℃ 預熱 5 分鐘，放入表面刷過少許橄欖油的牛棒骨，設定烤製
　　時間為 25 分鐘。

4　待烤至 10 分鐘時，將小馬鈴薯放入炸鍋中，鋪平，續烤 15 分鐘。

5　將烤好的牛棒骨、小馬鈴薯取出，裝入盤中，再放上迷迭香即可。

Cooking *Tips*

如感覺買回來的牛棒骨肉質較老，可將其急凍再冷藏一兩天，肉質可稍變嫩。

鮮果香料烤羊扒

烹飪時間：30 分鐘　　難易度：★★☆　　口味：鹹

【材　料】羊扒 500 克，車厘茄 80 克，青車厘子 50 克，新鮮迷迭香少許
【調味料】法式芥末籽醬 20 克，胡椒鹽 10 克，黑胡椒碎 8 克，迷迭香碎 5 克，
　　　　　橄欖油 15 毫升

-------------------------------- 製作方法 *Steps* --------------------------------

1　將羊扒洗淨，清除肋骨上的筋；車厘茄、青車厘子、新鮮迷迭香均洗淨，備用。

2　空氣炸鍋底部鋪上錫紙，200℃預熱 5 分鐘，放入表面刷過橄欖油的羊扒，烤
　　25 分鐘。

3　待烤至 17 分鐘時，在羊扒表面均勻地抹上法式芥末籽醬，將車厘茄、青車厘
　　子放入炸鍋中，鋪勻，撒上胡椒鹽、黑胡椒碎、迷迭香碎，再續烤約 8 分鐘。

4　將烤好的羊扒、車厘茄、青車厘子裝入盤中，擺入新鮮迷迭香即可。

Cooking *Tips*

要選購肉色鮮紅而均勻，有光澤；肉質細而緊密，
有彈性；外表略乾，不黏手的羊肉。

多汁羊肉片

⏱ 烹飪時間：30 分鐘　　🍲 難易度：★★☆　　🧂 口味：鹹

【材　料】羊肉 300 克，小馬鈴薯 50 克，西芹葉、蒔蘿草碎、麵粉各適量

【調味料】食用油 10 毫升，鹽 5 克，檸檬汁 10 毫升，生抽 10 毫升，烤肉醬 15 克，
　　　　　黑胡椒碎 5 克，料酒適量

------------------------------ 製作方法 *Steps* ------------------------------

1　小馬鈴薯去皮洗淨；羊肉洗淨放入碗中，加入鹽、料酒、生抽、檸檬汁、烤
　　肉醬、黑胡椒碎、食用油，攪拌均勻，醃漬至入味；西芹葉洗淨。

2　空氣炸鍋 200℃預熱 5 分鐘，將醃漬好的羊肉表面裹上麵粉，用錫紙包好後
　　放入炸鍋中烤製 25 分鐘。

3　待烤至 10 分鐘時，在小馬鈴薯表面刷上食用油，撒上黑胡椒碎，放入炸鍋中，
　　續烤 15 分鐘。

4　將烤好的食材取出，羊肉切片後裝入盤中，再將小馬鈴薯放入盤中，將包裹
　　羊肉的錫紙中的湯汁倒入盤中，撒上時蘿草碎，放上西芹葉即可。

Cooking *Tips*

買回的新鮮羊肉要及時冷卻或冷藏，使肉溫降到
5℃以下，以減少細菌污染，延長保鮮期。

番茄雞肉卷

⏱ 烹飪時間：30 分鐘　　🍲 難易度：★★☆　　🧂 口味：鹹

【材　料】雞胸肉 300 克，番茄 80 克，羅勒葉少許
【調味料】橄欖油 10 毫升，鹽 5 克，胡椒粉適量

--------------------------- 製作方法 *Steps* ---------------------------

1　雞胸肉洗淨，切片；番茄、羅勒葉均洗淨，切成碎粒。

2　將番茄、羅勒葉平鋪在雞肉片上，淋上少許橄欖油，撒上鹽、胡椒粉，將雞肉捲起，製成雞肉卷，表面刷上橄欖油，備用。

3　空氣炸鍋 200℃ 預熱 5 分鐘，放入雞肉卷，烤製 25 分鐘。

4　將烤好的雞肉卷取出，切成片放入盤中即可。

番茄

未食用的番茄也可以置於室溫下保存。方法是將番茄放入保鮮袋中，紮緊口，放在陰涼通風處，每隔一天打開口袋透透氣，擦乾水珠後再紮緊。

Cooking *Tips*

可在番茄頂部切十字花刀，用開水燙後即可輕易去皮。

烤紅莓雞肉卷

⏱ 烹飪時間：40 分鐘　　🍲 難易度：★★☆　　🧂 口味：鹹

【材　料】火雞胸肉 500 克，紅莓乾 50 克，大杏仁、開心果各 40 克，生菜葉
　　　　　適量

【調味料】胡椒鹽 8 克，黑胡椒碎 5 克，紅酒 30 毫升，橄欖油、燒烤醬各適量

製作方法 *Steps*

1　火雞胸肉洗淨，切成 1.5 厘米厚的片，放入碗中，加入紅酒、胡椒鹽攪拌均勻，
　　醃漬至入味。

2　取出醃漬好的火雞肉片，平鋪在砧板上，放上紅莓乾、大杏仁、開心果、胡椒鹽，
　　捲起後用牙籤將雞肉卷固定，靜置 10 分鐘。

3　空氣炸鍋 200℃預熱 5 分鐘，雞肉卷表面刷上橄欖油，撒上適量黑胡椒碎，
　　放入炸鍋中，烤 25 分鐘。

4　待烤至 18 分鐘時，在雞肉卷表面刷上少許燒烤醬，續烤至熟。

5　將烤好的雞肉卷取出，拔出牙籤，放入擺有生菜葉的盤中即可。

Cooking *Tips*

可以將雞肉卷用錫紙包住後烤製，這樣能更好地保留
雞肉中的水分，口感也會更好。

迷迭香雞肉卷

⏱ 烹飪時間：33 分鐘　🍲 難易度：★★★　🧂 口味：鹹

【材　料】雞腿肉 300 克，洋蔥 50 克，油橄欖 40 克，迷迭香 20 克，百里香 20 克，
　　　　　薄荷葉 10 克，蔥花適量，薑茸 5 克，蒜茸 5 克

【調味料】橄欖油 10 毫升，鹽 3 克，料酒 10 毫升，醃肉料 10 克，馬蘇里拉芝
　　　　　士 30 克

製作方法 *Steps*

1　雞腿肉洗淨，切成厚約 1.5 厘米的片；洋蔥、迷迭香、百里香、薄荷葉均切碎；
　　油橄欖切粒。

2　將雞腿肉放入大碗中，加入蔥花、薑茸、蒜茸、洋蔥絲、百里香、迷迭香、
　　薄荷葉、醃肉料、鹽、料酒，攪拌均勻，醃漬至入味。

3　空氣炸鍋底部鋪上錫紙，200℃ 預熱 5 分鐘，錫紙上刷上橄欖油，放入油橄
　　欖粒、百里香、迷迭香拌勻，烤 3 分鐘後取出，備用。

4　將馬蘇里拉芝士用刨刀刨成碎，備用。

5　將醃好的雞腿肉雞皮朝上，表面均勻地撒上芝士碎。

6　將烤好的食材平鋪於雞肉上，再將雞肉捲成卷，用棉線纏緊，表面刷上少許
　　橄欖油。

7　錫紙上再次刷上少許橄欖油，放入雞肉卷烤 25 分鐘。

8　烤至雞肉卷表面呈金黃色時，取出雞肉卷，拆掉棉線，切段，裝入盤中即可。

Cooking *Tips*

雞肉卷裏裏的餡料也可直接捲入雞肉中，一起烤製，這樣需延長肉卷的烤製時間。

烤雞胸肉 🍲

⏱ 烹飪時間：30 分鐘　　🍲 難易度：★★☆　　🧂 口味：鹹

【材　料】雞胸肉 500 克，青瓜適量，檸檬片少許
【調味料】鹽 3 克，食用油 10 毫升，料酒 5 毫升，胡椒粉、雞粉各少許，黑胡
　　　　　椒碎各適量

製作方法 *Steps*

1　提前將空氣炸鍋用 200℃ 預熱 5 分鐘；青瓜洗淨，切細絲，放入盤中，待用。

2　雞胸肉洗淨，兩面切上一字花刀，放入大碗中，加鹽、雞粉、料酒、胡椒粉醃漬至入味。

3　醃漬好的雞胸肉表面抹上食用油，放入炸籃中，烤 25 分鐘。

4　將雞胸肉取出，放入盛有青瓜絲的盤中，撒上黑胡椒碎，裝飾上檸檬片即可。

Cooking *Tips*

醃漬雞胸肉時，加入少許蛋白抓勻，烹製出的雞肉口感更嫩滑。

台式鹽酥雞

🕐 烹飪時間：30 分鐘　　🍲 難易度：★★☆　　🧂 口味：鹹

【調味料】雞胸肉 300 克，蒜茸少許，雞蛋 2 個，燕麥適量
【調味料】料酒 3 毫升，生抽 3 毫升，鹽 3 克，生粉、烤肉醬各適量，食用油 5 毫升

--------------------- 製作方法 *Steps* ---------------------

1 炸鍋 180℃預熱 5 分鐘；雞胸肉洗淨切塊；
　將蛋白、蛋黃分別裝入碗中。

2 將雞胸肉放入碗中，加入料酒、生抽、烤
　肉醬、鹽、蒜茸、生粉、蛋白拌勻，蓋上
　保鮮紙入雪櫃冷藏 15 分鐘。

3 將雞肉塊取出，分別沾上燕麥、蛋黃液，
　最後再裹上一層燕麥。

4 拉開炸鍋，底部刷上食用油，放入雞肉塊，
　在其表面刷上食用油，以 180℃烤 10 分
　鐘後，取出烤好的雞肉，裝入盤中，裝飾
　好即可。

麥片

麥片含有維他命 B、鐵、鋅、錳等成分，其中所含的亞麻油酸為人體必需脂肪酸，可維護人體機能。麥片中的可溶性纖維可降低體內膽固醇。

Cooking *Tips*

除去雞胸肉，也可以用雞腿肉來烤製，但是醃漬時間長一些。

烤雞腿

⏱ 烹飪時間：35 分鐘　🍲 難易度：★★☆　🔋 口味：鹹

【材　料】雞腿 3 個，薑茸少許
【調味料】鹽 3 克，料酒 5 毫升，雞粉 2 克，黑胡椒碎、食用油各適量

製作方法 *Steps*

1 將空氣炸鍋 200℃預熱 5 分鐘。

2 雞腿洗淨，放入碗中，加入鹽、雞粉、料酒拌勻，醃漬至入味。

3 在雞腿表面刷上食用油，撒上薑茸。

4 將雞腿放入炸籃中，烤 30 分鐘後，將烤好的雞腿取出，撒黑胡椒碎，放入盤中即可。

   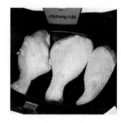

Cooking *Tips*

在烤製之前也可以將雞腿先焯一下水，以便去除血水。

烤雞中翼

🕐 烹飪時間：23 分鐘　　🍲 難易度：★☆☆　　🧂 口味：鹹辣

【材　料】雞中翼 150 克，蒜片、蔥段、薑片各適量
【調味料】鹽 2 克，料酒適量，食用油少許，辣椒醬適量

製作方法 *Steps*

1　空氣炸鍋 200℃ 預熱 5 分鐘；雞中翼洗淨，裝入碗中，放入蒜片、蔥段、薑片，再加入鹽、食用油、料酒，攪拌均勻，醃漬至入味。

2　空氣炸鍋中放入雞中翼，鋪平，烤製 18 分鐘。

3　烤至 15 分鐘時，在雞中翼上抹上適量的辣椒醬，續烤。

4　將烤好的雞中翼取出，放入盤中即可。

雞肉

雞肉有溫中益氣、補精填髓、益五臟的作用。但內火偏旺、痰溼偏重、感冒發熱者不宜食用。

Cooking *Tips*

雖然雞皮中含有較多的膠原蛋白，但其脂類物質含量也較多，可以去掉雞皮烤製。

雞翼包飯

⏱ 烹飪時間：20 分鐘　　🍲 難易度：★★☆　　🧂 口味：鹹辣

【材　料】雞翼 4 隻，去皮紅蘿蔔 30 克，洋葱 30 克，黃椒 30 克，火腿腸 1 條，米飯適量

【調味料】韓式辣椒醬 20 克，食用油適量，料酒少許，鹽 6 克，胡椒粉 5 克

製作方法 *Steps*

1　炸鍋鋪錫紙，180℃ 預熱 5 分鐘；黃椒、洋葱、紅蘿蔔均洗淨切碎；火腿腸切碎。

2　雞翼洗淨，去骨，翅尖處留骨，加鹽、油、胡椒粉、料酒醃漬；鍋中注油燒熱，放入蔬菜、火腿腸、米飯炒勻。

3　加鹽、胡椒粉、韓式辣椒醬拌炒盛出；將炒飯裝入雞翼中。

4　用牙籤封口，雞翼尖用錫紙包住；炸鍋內刷油，放入雞翼，表面刷油，以 180℃ 烤 15 分鐘後取出。

   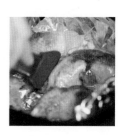

Cooking *Tips*

在烤製之前也可以將雞翼稍稍過一下水，以便去除血水。

翠玉瓜煎蛋餅

⏱ 烹飪時間：18 分鐘　　🍲 難易度：★★☆　　🧂 口味：鹹

【材　料】雞蛋 3 個，翠玉瓜 1 個，麵粉適量
【調味料】鹽少許，食用油適量

--------------------- 製作方法 *Steps* ---------------------

1　空氣炸鍋底部鋪上錫紙，錫紙上刷上食用
　　油，180℃預熱 3 分鐘；翠玉瓜洗淨，切
　　細絲，撒少許鹽，出水後打入雞蛋，攪散。

2　再放入少許清水，分次加入麵粉，邊加邊
　　攪，拌至濃稠狀，製成數個餅皮。

3　放入空氣炸鍋中，烤 15 分鐘。

4　將餅取出，放入盤中即可。

翠玉瓜

翠玉瓜含有維他命 C、
胡蘿蔔素、葡萄糖、鈣
等營養成分，具有清熱
利尿、除煩止渴、潤肺
止咳、消腫散結等功效。

Cooking *Tips*

煎製過程中最好將餅皮反覆翻面數次。

Chapter 4

繽紛蔬食，別樣美味

蔬菜種類繁多，營養成分也極為豐富，無論是作為主料，
還是作為其他食材的配料，都是一日不可不食的清新佳
餚。有了空氣炸鍋，烹製出健康蔬食就是如此輕鬆！

※

香烤南瓜

🕐 烹飪時間：15 分鐘　🍲 難易度：★☆☆　🗄 口味：甜

【材　料】南瓜 200 克
【調味料】鹽 2 克，食用油適量

製作方法 *Steps*

1　空氣炸鍋 150℃ 預熱 5 分鐘；南瓜洗淨，去瓤，切扇形，備用。

2　在切好的南瓜表面均勻地刷上食用油，再撒上少許鹽，抹勻。

3　將南瓜放入預熱好的炸鍋中，烤約 10 分鐘。

4　將烤好的南瓜取出，裝入碗中即可。

南瓜

未食用的切開的南瓜，可將南瓜籽去除，用保鮮袋裝好後，再放入雪櫃冷藏，這樣可以更多地保留南瓜本身的水分。

Cooking *Tips*

南瓜中含有的胡蘿蔔素耐高溫，多刷些油烤製，更有助於人體吸收。

芝士茄子

⏱ 烹飪時間：13 分鐘　　🍲 難易度：★☆☆　　🧂 口味：鹹

【材　料】茄子 1 根，紅燈籠椒 30 克，黃燈籠椒 30 克，芝士適量
【調味料】鹽少許，食用油適量

---------------------------------- 製作方法 *Steps* ----------------------------------

1 拉開炸鍋，鍋底刷上少許食用油，以
160℃預熱 5 分鐘；茄子洗淨，去根部，
對半切開後，切去尾部。

2 芝士切成碎，裝入碗中；紅燈籠椒、黃燈
籠椒均洗淨，切成碎，裝入碗中。

3 茄子的切面上撒上少許鹽，再放上芝士碎，
製成芝士茄子生坯。

4 炸鍋中放入茄子生坯，表面刷上食用油，
以 160℃烤 8 分鐘後，將烤好的茄子取出，
撒上適量燈籠椒碎即可。

茄子

茄子表皮覆蓋着一層蠟
質，有保護茄子的作用，
一旦蠟質層被沖刷掉，
就容易受微生物侵害而
腐爛變質。

Cooking *Tips*

茄子切開後如不馬上烹製，氧化作用會很快由
白變褐，可將其泡入水中，待烹製前取出，擦
乾水分即可。

香烤茄片

🕐 烹飪時間：15分鐘　　🍲 難易度：★☆☆　　🧂 口味：鹹

【材　料】茄子1根，蒜茸、芫茜碎各適量
【調味料】鹽2克，食用油各適量

---------------------------------- 製作方法 *Steps* ----------------------------------

1　空氣炸鍋 150℃預熱5 分鐘；茄子洗 淨，切厚片。

2　在茄片表面刷 上食用油，撒 上少許鹽。

3　將茄片放入預 熱好的炸籃 內，推入炸鍋， 烤製10分鐘。

4　將烤好的茄子 取出，裝入碗 中，撒上適量 的蒜茸、芫茜 碎即可。

Cooking *Tips*

虛寒腹瀉、皮膚瘡瘍、目疾患者均不宜食用茄子。

烤藕片

⏱ 烹飪時間：9 分鐘　　🍲 難易度：★☆☆　　🧂 口味：鹹

【材　　料】蓮藕 250 克
【調味料】鹽 2 克，食用油適量

製作方法 *Steps*

1　空氣炸鍋 180℃ 預熱 3 分鐘；洗淨去皮的蓮藕切成片，裝入盤中，待用。

2　蓮藕片表面刷上少許食用油，撒上鹽。

3　放入空氣炸鍋，烤約 6 分鐘。

4　將烤好的蓮藕片裝入碗中即可。

蓮藕

蓮藕具有滋陰養血的功效，可以補五臟之虛、強壯筋骨。生食能清熱潤肺、涼血行瘀，熟食可健脾開胃。

Cooking *Tips*

脾胃消化功能低下、大便溏泄者及產婦都不宜食用蓮藕。

香烤粟米雜蔬

🕐 烹飪時間：8 分鐘　　🍲 難易度：★☆☆　　🧂 口味：鹹

【材　料】罐裝粟米粒 150 克，蘑菇 50 克，青椒 40 克，紅燈籠椒 50 克
【調味料】食用油、鹽、白胡椒粉各適量

製作方法 *Steps*

1　空氣炸鍋底部鋪上錫紙，錫紙上刷上食用油，180 ℃ 預熱 3 分鐘。

2　蘑菇洗淨切薄片；紅燈籠椒、青椒均洗淨，去籽切小塊。

3　青椒、紅燈籠椒、蘑菇、粟米粒放入炸鍋中，加入鹽、白胡椒粉拌勻。

4　烤製 5 分鐘後，將烤好的食材倒入盤中即可。

Cooking *Tips*

食慾不佳或傷風感冒、風濕性疾病患者可多食用青椒。

蘑菇盅

⏱ 烹飪時間：15 分鐘　　🍲 難易度：★☆☆　　🧂 口味：鹹

【材　料】蘑菇 10 個，紅燈籠椒 1 個，煙肉 50 克，芝士、米飯各適量
【調味料】食用油適量，鹽、白胡椒粉各少許

---------------------------- 製作方法 *Steps* ----------------------------

1 炸鍋 160℃ 預熱 5 分鐘；蘑菇洗淨，去蒂，僅留下頭的部分；紅燈籠椒洗淨，切成碎，裝碗。

2 煙肉切碎；芝士切小粒；米飯裝碗，加入紅椒碎、煙肉碎、鹽、白胡椒粉、食用油拌勻。

3 取一個蘑菇，裝入適量米飯，餘下的蘑菇依此裝入米飯，再在米飯上放上適量芝士碎。

4 拉開炸鍋，鍋底刷油，放入蘑菇，以 160℃ 烤 10 分鐘後，將烤好的食材取出，裝入盤中即可。

   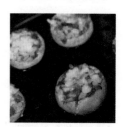

Cooking *Tips*

米飯中加入的食材可依個人口味更改。

芝士紅薯 🍲

⏱ 烹飪時間：13 分鐘　　🍱 難易度：★★☆　　🧂 口味：甜

【材　料】蒸熟的紅薯 300 克，芝士適量，牛油少許，核桃碎、杏仁碎各 20 克
【調味料】食用油適量

製作方法 *Steps*

1　炸鍋 160℃ 預熱 5 分鐘；芝士切成碎，裝入碗中；將蒸熟的紅薯稍稍切去一邊後，將紅薯肉挖出。

2　將挖出的紅薯肉裝碗，加入牛油、核桃碎、杏仁碎攪拌均勻。

3　將拌好的紅薯茸再裝入紅薯中。

4　填好的紅薯上放上芝士，拉開炸鍋，鍋底刷上少許食用油，放入紅薯後，以 160℃ 烤 8 分鐘，取出即可。

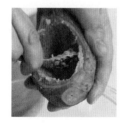   

Cooking *Tips*

挖紅薯茸時，紅薯壁要保留一定厚度，
以防止其形狀破損。

烤馬鈴薯車厘茄

⏱ 烹飪時間：19 分鐘　🍲 難易度：★☆☆　🧂 口味：鹹

【材　料】馬鈴薯 200 克，車厘茄 200 克
【調味料】鹽 4 克，食用油適量

---------------------------- 製作方法 *Steps* ----------------------------

1 空氣炸鍋
180℃預熱5
分鐘；馬鈴薯、
車厘茄均洗
淨，擦乾，用
竹籤依次串起
後，擺入盤中。

2 在馬鈴薯、車
厘茄串表面刷
上食用油，撒
上少許鹽，抹
匀。

3 將馬鈴薯車厘
茄串放入炸鍋
中，烤製 14
分鐘。

4 將烤好的馬鈴
薯、車厘茄串
取出，放入盤
中即可。

Cooking *Tips*

如擔心車厘茄會烤得太乾、太老，可將車厘茄
和馬鈴薯散在鍋中直接烤。

孜然烤洋葱

🕐 烹飪時間：17 分鐘　　🍲 難易度：★★☆　　🧊 口味：鹹

【材　料】洋葱 300 克
【調味料】孜然粉 10 克，鹽 2 克，食用油適量

---------------------------------- 製作方法 *Steps* ----------------------------------

1　去除洋葱表皮，洗淨後對半切開。

2　空氣炸鍋 180℃ 預熱 5 分鐘。

3　洋葱表面刷上少許食用油，撒上鹽，抹勻後放入炸鍋中。

4　烤製 12 分鐘，中間將洋葱翻面 2 次，將烤好的洋葱取出，撒上少許孜然粉即可。

洋葱

洋葱有散寒、健胃、發汗、殺菌等作用。常食洋葱不但有助血壓的穩定，還可降低血管脆性，保護人體動脈血管，也可以預防感冒。

Cooking *Tips*

切洋葱前把刀放在冷水裏浸一會兒，再切洋葱就不會刺激眼睛了。

粟米雙花

⏱ 烹飪時間：8 分鐘　　🍲 難易度：★☆☆　　🧂 口味：鹹

【材　料】粟米 1 根，西蘭花 50 克，椰菜花 50 克
【調味料】食用油、鹽各適量

---------------------------- 製作方法 *Steps* ----------------------------

1　空氣炸鍋 150℃ 預熱 3 分鐘。

2　西蘭花、椰菜花均洗淨，擦乾水分，切小朵；粟米切段，將切好的食材裝入碗中。

3　將少許鹽撒入碗中，拌勻。

4　將預熱好的炸鍋拉開，炸籃刷上少許食用油，放入粟米、西蘭花和椰菜花，在食材的表面刷上食用油，以 150℃ 烤 5 分鐘。

5　打開炸鍋，將烤好的西蘭花、粟米和椰菜花取出，裝入盤中即可。

Cooking *Tips*

將椰菜花放入鹽水中浸泡幾分鐘，有助於清除殘留農藥。選購椰菜花時，以花球周邊不鬆散，無異味、無毛花者為佳。

烤翠肉瓜 🍲

🕐 烹飪時間：11 分鐘　　🍲 難易度：★☆☆　　🧂 口味：鹹

【材　料】翠肉瓜 200 克，蒜茸、蒔蘿草碎各適量
【調味料】鹽 3 克，食用油適量

---------- 製作方法 *Steps* ----------

1　空氣炸鍋 180℃ 預熱 3 分鐘；翠肉瓜洗淨，切片。

2　在翠肉瓜表面刷上食用油，撒上鹽，抹勻。

3　將瓜片放入炸鍋中，烤 8 分鐘。

4　將烤熟的瓜片取出，放入容器中，撒上蒜茸、蒔蘿草碎即可。

Cooking *Tips*

翠肉瓜外也可裹一層麵粉蛋液，有助於人體動物蛋白的補充。

蜜烤香蒜

⏱ 烹飪時間：23 分鐘　　🍲 難易度：★★☆　　🧂 口味：香甜

【材　料】芝士適量，蒜頭 300 克
【調味料】食用油少許，蜂蜜適量

製作方法 *Steps*

1 炸鍋 160℃ 預熱 5 分鐘；芝士切成碎，裝入碗中；蒜頭去根部、外皮，放入熱水中焯一下。

2 將蒜撈出，放入碗中，待涼後切去頂部；將蜂蜜倒入鍋中，放入蒜頭，小火煮約 10 分鐘。

3 將煮好的蒜取出，頂部的切面上撒上適量芝士碎。

4 拉開炸鍋，鍋底刷上食用油，將蒜頭放入炸鍋中，以 160℃ 烤 8 分鐘後取出即可。

Cooking *Tips*

也可以將蒜身用錫紙包住，有芝士的部分露在外面，這樣蒜更易烤入味。

烤蘆筍 🍲

🕐 烹飪時間：12 分鐘　　🍲 難易度：★☆☆　　🧂 口味：鹹

【材　料】蘆筍 200 克
【調味料】鹽 3 克，食用油少許

---------- 製作方法 *Steps* ----------

1　空氣炸鍋 150℃ 預熱 5 分鐘；將蘆筍洗淨，
　　擦乾表面水分，切去根部。

2　將蘆筍表面刷上少許食用油，撒上鹽。

3　將蘆筍放入炸鍋中，烤製 7 分鐘。

4　將烤好的蘆筍取出，裝入盤中即可。

蘆筍

常食蘆筍，對心臟病、
高血壓、心律不齊、疲
勞症等有一定的食療效
果。夏季食用蘆筍還可
清涼降火、消暑止渴。

烤紅蘿蔔雜蔬

⏱ 烹飪時間：11 分鐘　　🍲 難易度：★★☆　　🧂 口味：鹹

【材　料】紅蘿蔔 200 克，黃燈籠椒 150 克，翠玉瓜 200 克
【調味料】鹽 5 克，食用油少許

------------------------- 製作方法 *Steps* -------------------------

1　紅蘿蔔洗淨，瀝乾水分；黃燈籠椒洗淨，切月牙形小瓣；翠玉瓜洗淨，切成約 0.5 厘米厚的片。

2　空氣炸鍋 160℃預熱 3 分鐘。

3　在蔬菜表面刷上少許食用油，再均勻地撒上鹽，放入炸鍋中。

4　烤約 8 分鐘，將烤熟的食材取出，待稍稍放涼後食用即可。

Cooking *Tips*

將紅蘿蔔加熱，放涼後用密封容器冷藏保存，可保鮮 5 天。

香醋烤雜蔬

⏱ 烹飪時間：18 分鐘　　🍲 難易度：★☆☆　　🗄 口味：鹹

【材　料】小紅蘿蔔 150 克，南瓜 200 克，紫洋葱 1 個，翠玉瓜 100 克，紫薯
　　　　　100 克，松子仁少許
【調味料】意大利黑醋 15 毫升，橄欖油、鹽各適量

--------------------------------- 製作方法 *Steps* ---------------------------------

1　小紅蘿蔔洗淨；南瓜洗淨，去瓜瓤，切小瓣；翠玉瓜洗淨切片；紫薯洗淨切瓣；
　　紫洋葱剝去表皮，洗淨，切去頭、尾後再切瓣。

2　空氣炸鍋 160℃ 預熱 3 分鐘。

3　將蔬菜表面的水分擦乾，均勻地抹上意大利黑醋，再刷上少許橄欖油，撒上鹽。

4　先將南瓜、小紅蘿蔔、紫薯放入炸鍋中烤 7 分鐘後，再將其餘蔬菜放入炸鍋中，
　　鋪平，續烤 8 分鐘。

5　將烤好的蔬菜裝入盤中，撒上松子仁即可。

Cooking *Tips*

紫薯表面可以不刷油，而是刷上蜂蜜烤，味道會更香甜。

Chapter 5

絕不可錯過的零食

說到零食，會不由地想到大眾鍾愛的薯條、雞塊、麵包甜點，甚至香甜誘人的烤水果。擁有一個空氣炸鍋，每天都是吃不停口的誘人零食日！

烤吞拿魚丸

⏱ 烹飪時間：17 分鐘　　🍲 難易度：★★☆　　🧂 口味：鹹

【材　料】吞拿魚罐頭 1 罐，洋葱碎 50 克，紅蘿蔔碎 50 克，芹菜碎 50 克，麵粉 15 克

【調味料】鹽、胡椒粉各少許，食用油適量，番薯粉 5 克

---------------------------------- 製作方法 *Steps* ----------------------------------

1　空氣炸鍋底部鋪上錫紙，刷上食用油，180℃預熱 5 分鐘。

2　吞拿魚肉放入大碗中，加入洋葱碎、紅蘿蔔碎、芹菜碎、番薯粉、麵粉。

3　再放入胡椒粉、鹽、食用油，用筷子將吞拿魚肉弄碎，拌勻，製成數個肉丸，待用。

4　將肉丸放入炸鍋內，烤製 12 分鐘後，將烤好的肉丸取出，裝入碗中即可。

Cooking *Tips*

也可用新鮮的吞拿魚，烹製熟後再放入餡料中，丸子味道會更新鮮。

氣炸雞塊

🕐 烹飪時間：25 分鐘　　🍲 難易度：★★★　　🧂 口味：鹹

【材　料】雞胸肉 300 克，糯米粉 5 克，雞蛋 2 個，粟粉 5 克
【調味料】鹽 5 克，雞粉 4 克，胡椒粉、食用油、番茄醬、沙律醬各適量

-------------------------- 製作方法 *Steps* --------------------------

1　空氣炸鍋底部鋪上錫紙，刷上食用油，180℃預熱 5 分鐘。

2　雞胸肉洗淨，切小塊。

3　雞胸肉、雞蛋、糯米粉、鹽、胡椒粉、雞粉放入料理機（或攪拌機）中，打成茸，備用。

4　將打好的雞肉茸做成數個雞肉塊，放入盤中，蓋上保鮮紙，放入雪櫃冷凍至成形，備用。

5　粟粉中加入適量清水，調製成麵糊。

6　將凍好的雞塊取出，裹上一層粟粉，放入盤中。

7　將雞塊放入炸鍋中，烤製 20 分鐘後取出，放入盤中，食用時蘸上番茄醬、沙律醬即可。

Cooking *Tips*

可以去除雞胸肉中的筋膜後再放入料理機攪打，
以防攪打時，筋膜纏住料理機攪刀。

腰果小魚乾

⏱ 烹飪時間：7 分鐘　　🍲 難易度：★☆☆　　🧂 口味：鹹

【材　料】腰果 200 克，小魚乾 150 克，提子乾 100 克
【調味料】食用油適量

製作方法 *Steps*
---

1 空氣炸鍋 150℃ 預熱 3 分鐘。

2 將擦拭乾淨的腰果、小魚乾、提子乾放入
　炸鍋中，拌勻，表面刷上少許食用油。

3 烤製時間設定為 4 分鐘。

4 將烤好的食材裝入碟中即可。

腰果

腰果對食慾不振、心衰、
下肢浮腫及多種痠症都
有一定的輔助療效，還
可增強人體抗病能力。
腰果中的豐富油脂還有
潤腸通便的作用。

Cooking *Tips*

購買腰果時，選外觀呈完整月牙形、色澤白、
飽滿、氣味香、油脂豐富、無蛀蟲、無斑點的
腰果為佳。

炸蝦丸

⏱ 烹飪時間：20 分鐘　🍲 難易度：★★☆　🧂 口味：鹹

【材　料】大蝦 250 克，免治豬肉 50 克，芝士 100 克，蛋液 30 克
【調味料】料酒 5 毫升，粟粉 5 克，麵包糠 30 克，生抽 10 毫升，鹽 2 克，食
　　　　　用油 10 毫升，胡椒粉 5 克，白砂糖 5 克

------------------------------ 製作方法 *Steps* ------------------------------

1　空氣炸鍋底部鋪上錫紙，刷上食用油，180℃預熱 5 分鐘；大蝦去除蝦殼、
　　蝦線，洗淨，剁成蝦膠；芝士切小塊。

2　將免治豬肉放入蝦膠中，拌勻，然後調入料酒、白砂糖、生抽、鹽、胡椒粉、
　　粟粉，拌勻，醃漬至入味。

3　取適量蝦膠，製成圓餅狀，包入適量芝士塊，收攏蝦餅，包住芝士塊，製成
　　球狀。

4　餘下的蝦膠依此製成數個蝦球。

5　將製好的蝦球依次裹上粟粉、蛋液、麵包糠。

6　將製好的蝦丸放入炸鍋中，烤 15 分鐘後取出，裝入盤中即可。

Cooking *Tips*

可以在蝦丸表面刷上少許食用油，這樣烤出來的蝦丸表面更金黃。

空氣炸鍋版炸雞翼

⏱ 烹飪時間：45 分鐘　　🍲 難易度：★★☆　　🧂 口味：鹹

【材　料】雞翼 400 克，生粉 40 克，蛋液 60 克，麵包糠適量
【調味料】鹽、胡椒粉各 3 克，生抽 8 毫升

---------------------------------- 製作方法 *Steps* ----------------------------------

1　將雞翼劃上一字花刀，放入碗中。
2　依次加入鹽、胡椒粉、生抽，拌勻，醃漬 20 分鐘。
3　將醃漬好的雞翼依次裹上蛋液、生粉、蛋液、麵包糠，放入盤中。
4　空氣炸鍋以 200℃，預熱 5 分鐘。
5　打開空氣炸鍋，放入醃好的雞翼，關上炸鍋門。
6　以 200℃炸 15 分鐘。
7　打開空氣炸鍋，將雞翼翻面。
8　關上炸鍋門，繼續炸 5 分鐘，將炸好的雞翼放入盤中即可。

Cooking *Tips*

雞翼表面劃上一字花刀，醃漬時會更加入味。

香炸薯條

⏱ 烹飪時間：20 分鐘　　🍲 難易度：★☆☆　　🧂 口味：香

【材　料】馬鈴薯 300 克
【調味料】食用油少許

製作方法 *Steps*
---

1 空氣炸鍋 200℃ 預熱 5 分鐘；馬鈴薯去皮洗淨，切厚片，再改切條狀，放入盤中。

2 馬鈴薯條表面刷上少許食用油。

3 將馬鈴薯條放入炸鍋中，鋪勻，烤 15 分鐘。

4 將烤好的薯條取出，裝入容器中即可。

Cooking *Tips*

馬鈴薯條表面抹完油之後，也可撒上一些鹽再烤製。

翠肉瓜鑲肉

🕐 烹飪時間：15 分鐘　　🍲 難易度：★★☆　　🧂 口味：鹹

【材　料】翠肉瓜 1 個，免治牛肉 150 克，洋蔥碎、紅蘿蔔碎各 40 克
【調味料】鹽 4 克，黑胡椒碎 3 克，橄欖油適量

製作方法 *Steps*

1　炸鍋以 160℃預熱 5 分鐘。

2　翠肉瓜洗淨，去尾部，切成厚段，用模具
　去除心部，取尾部切一片，塞到小瓜段的
　底部，依此將其餘的小瓜段製成小瓜盅。

3　將免治牛肉倒入碗中，加洋蔥碎、紅蘿蔔
　碎、鹽、黑胡椒碎、橄欖油拌勻後，依次
　放入備好的小瓜盅中。

4　將製好的小瓜盅放入炸鍋中，表面刷上少
　許油，以 160℃烤 10 分鐘後取出即可。

翠肉瓜

翠肉瓜含有胡蘿蔔素、
葡萄糖、鈣等營養成分，
具有清熱利尿、除煩止
渴、潤肺止咳、消腫散
結等功效。

Cooking *Tips*

如果擔心烤製過程中食材的水分蒸發的話，可
以用錫紙將其包住。

蜜烤紫薯

⏱ 烹飪時間：11 分鐘　🍲 難易度：★☆☆　🧊 口味：甜

【材　料】去皮紫薯 500 克
【調味料】蜂蜜 10 毫升，鹽少許，食用油適量

製作方法 *Steps*

1　炸鍋 160℃預熱 5 分鐘。

2　紫薯切成厚片，裝入碗中；將炸鍋拉開，底部刷上食用油，放入紫薯，以 140℃烤 3 分鐘。

3　待 3 分鐘後，在紫薯表面刷上食用油、蜂蜜，撒上少許鹽後，將其翻面，再刷上食用油、蜂蜜，撒上鹽後續烤 3 分鐘。

4　將烤好的紫薯取出裝盤即可。

紫薯

紫薯含有葉蛋白、纖維素、氨基酸、花青素等營養成分，具有改善視力、提高人體抵抗力、潤腸通便、抗衰老等功效。

Cooking *Tips*

可以烤製前先在紫薯兩面刷上食用油和蜂蜜，烤製過程中就不需將紫薯翻面。

酥炸洋蔥圈

🕐 烹飪時間：15 分鐘　　🍲 難易度：★★☆　　🧂 口味：鹹

【材　料】洋蔥 200 克，雞蛋 1 個，麵粉、麵包糠各適量
【調味料】鹽適量

---------------------------------- 製作方法 *Steps* ----------------------------------

1 空氣炸鍋 180℃ 預熱 5 分鐘；洋蔥洗淨，去根部和頭部，切圈，取形狀好的放入碗中 加鹽，醃漬片刻。

2 雞蛋打入碗中，製成蛋液，備用。

3 將洋蔥圈依次沾上麵粉、蛋液、麵包糠後，放入盤中，備用。

4 將洋蔥圈放入炸鍋中，烤製 10 分鐘後取出，裝入碗中即可。

 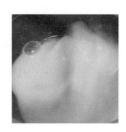  

Cooking *Tips*

也可將洋蔥圈冷凍後再炸，口感更好。

香烤豆腐

⏱ 烹飪時間：13 分鐘　　🍲 難易度：★☆☆　　🧂 口味：鹹

【材　料】豆腐 300 克
【調味料】鹽 3 克，食用油適量

------------------------------ 製作方法 *Steps* ------------------------------

1　空氣炸鍋 180℃ 預熱 5 分鐘。

2　豆腐洗淨，切正方形塊，用廚房用紙吸去表面水分，刷上少許食用油，撒上鹽，抹勻，用竹籤將豆腐塊串起。

3　將豆腐塊放入炸鍋中烤 8 分鐘，烤製過程將豆腐塊翻幾次面。

4　將烤好的豆腐塊取出，擺入盤中即可。

Cooking *Tips*

可將買來的豆腐放入淡鹽水中泡半個小時後再烹製，
這樣豆腐就不易碎。

小米素丸子

⏱ 烹飪時間：15 分鐘　🍲 難易度：★★☆　🧂 口味：鹹

【材　料】番芫茜葉 20 克，泡發小米 100 克，麵粉 200 克
【調味料】橄欖油適量，鹽少許，黑胡椒粉適量

製作方法 *Steps*

1　番芫茜葉洗淨，瀝乾水分，用刀切成碎粒狀。

2　麵粉開窩，倒入適量的清水，加入少許橄欖油、鹽、麵粉，揉搓至軟。

3　將麵團做成數個小麵團，搓成圓球狀，裹上適量小米和番芫茜葉，再撒上黑胡椒粉，放入盤中，備用。

4　空氣炸鍋 180℃ 預熱 5 分鐘，放入小米丸子烤約 10 分鐘，至其表面金黃取出。

5　裝飾上竹籤、番芫茜葉即可。

小米

小米中富含人體必需的氨基酸，所以體弱多病者適宜多食用小米以滋補。但氣滯、素體虛寒、小便清長者均不宜食用。

Cooking Tips

小米含有大量的碳水化合物，對緩解精神壓力有一定的輔助作用。

蜜烤果仁

⏱ 烹飪時間：23 分鐘　　🍲 難易度：★☆☆　　🧂 口味：甜

【材　料】栗仁 300 克，腰果 30 克，杏仁 25 克，核桃 30 克
【調味料】食用油、蜂蜜各適量

---------------------------------- 製作方法 *Steps* ----------------------------------

1　炸鍋中鋪入錫
紙，160 ℃ 預
熱 5 分 鐘，
錫紙上刷食用
油。

2　放入栗仁，表面
刷食用油，烤
8 分鐘。

3　8 分鐘後，栗
仁表面刷蜂蜜，
放入核桃、腰
果、杏仁，表
面刷食用油和
蜂 蜜 續 烤 10
分鐘。

4　拉開空氣炸鍋，
將烤好的果仁
取出裝盤即可。

Cooking *Tips*

可依據果仁量及果仁的大小，適當調整烤製時間。

迷你香蕉一口酥

🕐 烹飪時間：15 分鐘　　🍲 難易度：★★☆　　🧃 口味：甜

【材　料】香蕉 2 根，麵粉適量
【調味料】蜂蜜、食用油各適量

製作方法 *Steps*

1 炸鍋 160℃ 預熱 5 分鐘；將麵粉倒入大的容器中，加入適量清水攪拌，將其揉搓成光滑的麵團。

2 取一塊麵團，將其擀成長條形麵皮，將香蕉去皮後放在麵皮一端上，慢慢地將麵皮捲起，包住香蕉，製成麵皮卷。

3 去除兩邊多餘的麵皮，將其切成小段，製成香蕉酥皮；在香蕉酥皮表面刷上少許食用油。

4 拉開炸鍋，鍋底刷上少許食用油，放入香蕉酥皮，烤製 5 分鐘後，在食材表面刷上蜂蜜，續烤 5 分鐘後取出即可。

香蕉

香蕉含有膳食纖維、糖類、維他命 A、維他命 C、鎂等營養成分，具有保護胃黏膜、促進排便、改善情緒等作用。

Cooking *Tips*

如擔心香蕉氧化變黑，影響賣相，可在其表面塗上少許檸檬汁。

肉桂香烤蘋果

🕐 烹飪時間：11 分鐘　　🍲 難易度：★★☆　　🧂 口味：香甜

【材　料】蘋果 200 克
【調味料】肉桂粉適量

--------------------------------- 製作方法 *Steps* ---------------------------------

1　蘋果洗淨；空氣炸鍋 180℃預熱 5 分鐘。

2　蘋果切厚片後放入盤中，備用。

3　將蘋果片放入預熱好的空氣炸鍋中，烤 6 分鐘。

4　將烤好的蘋果取出，撒上適量肉桂粉即可。

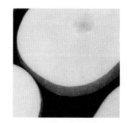
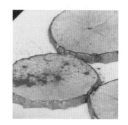

Cooking *Tips*

若將蘋果裝入保鮮袋，再放進雪櫃裏，能保存較長時間。

芝士法式長麵包

🕐 烹飪時間：11 分鐘　🍲 難易度：★☆☆　🧂 口味：鹹

【材　料】芝士碎 200 克，臘腸 150 克，菠菜 45 克，法式長麵包 200 克，番茄 150 克，羅勒葉適量

【調味料】食用油適量

製作方法 *Steps*

1　將炸鍋 180℃預熱 3 分鐘；備好的法式長麵包切成小塊。

2　洗淨的菠菜瀝乾水分，切碎後裝入碗中；番茄洗淨擦乾，切小瓣，裝入碗中；臘腸斜刀切薄片後裝入碗中。

3　在法式長麵包上放上菠菜、臘腸片、芝士碎。

4　打開炸鍋，鍋底刷少許食用油，放入法式長麵包片，烤 8 分鐘後取出，裝入盤中，裝飾上番茄和羅勒葉即可。

芝士

芝士含有維他命 A、維他命 E、乳酸菌、蛋白質、鈣、脂肪、磷等營養成分，有補鈣、增強人體抵抗疾病的能力、促進代謝以及保護肌膚等作用。

Cooking Tips

法式長麵包上的蔬菜和芝士可依個人口味和喜好任意添加。

蘑菇蛋撻

⏱ 烹飪時間：18 分鐘　🍲 難易度：★★☆　🧂 口味：鹹

【材　料】蛋撻皮 5 個，蘑菇 50 克，牛奶少許，蛋黃 3 個，羅勒、低筋麵粉各
　　　　　少許
【調味料】鮮忌廉適量

-------------------------------- 製作方法 *Steps* --------------------------------

1　蘑菇用水洗淨，擦乾表面水分，切成片狀；羅勒葉洗淨備用。

2　牛奶、鮮忌廉放入鍋中小火加熱後放涼，加入少許低筋麵粉拌勻，再放入蛋
　　黃攪勻。

3　將製好的蛋液倒入蛋撻皮中，再放入蘑菇片。

4　空氣炸鍋 180℃ 預熱 5 分鐘，放入蛋撻生皮，烤約 13 分鐘。

5　將烤好的蛋撻取出，放入盤中，裝飾上羅勒即可。

Cooking *Tips*

高血壓患者、糖尿病患者、免疫力低下者、老年人可多食用蘑菇。

香烤蘑菇

🕐 烹飪時間：13 分鐘　　🍲 難易度：★☆☆　　🧂 口味：鹹

【材　料】蘑菇 300 克，意大利香芹少許
【調味料】食用油、油醋汁各適量

-------------------------------------- 製作方法 *Steps* --------------------------------------

1 　將蘑菇洗淨，擦去表面水分。

2 　將蘑菇切成薄片，表面刷上少許食用油。

3 　空氣炸鍋 160℃ 預熱 5 分鐘，放入蘑菇片，烤 8 分鐘。

4 　將烤好的蘑菇取出，放入容器中，撒上意大利香芹，食用時配上油醋汁即可。

主編
甘智榮

責任編輯
周宛媚

裝幀設計
陳翠賢

排版
辛紅梅

出版者
萬里機構出版有限公司
香港北角英皇道499號北角工業大廈20樓
電話：2564 7511
傳真：2565 5539
電郵：info@wanlibk.com
網址：http://www.wanlibk.com
　　　http://www.facebook.com/wanlibk

發行者
香港聯合書刊物流有限公司
香港新界大埔汀麗路36號
中華商務印刷大廈3字樓
電話：2150 2100
傳真：2407 3062
電郵：info@suplogistics.com.hk

承印者
中華商務彩色印刷有限公司
香港新界大埔汀麗路36號

出版日期
二零一九年十一月第一次印刷
二零二零年八月第二次印刷

規格
16開（240mm x 170mm）

原書名：輕鬆玩轉空氣炸鍋
Copyright @ China Textile & Apparel Press
本書由中國紡織出版社有限公司授權出版、發行中文繁體字版版權。